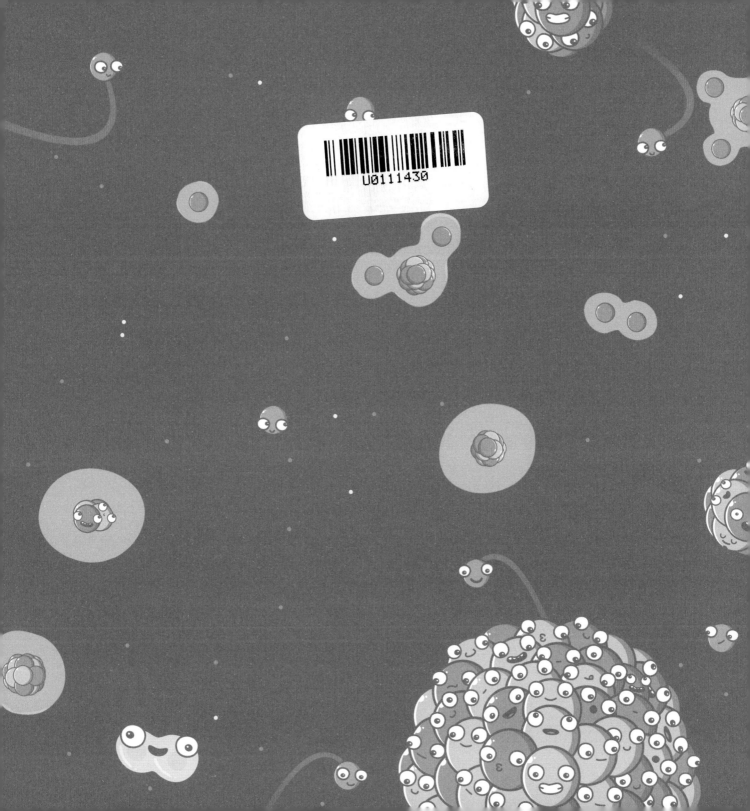

大發現！
探索微小世界

量子物理入門班

卡洛斯‧帕索斯　著／繪

新雅文化事業有限公司
www.sunya.com.hk

你們好啊，未來的**量子物理**小天才！我叫天娜，是一名**物理學家**。這是我的小貓，牠叫**普朗克**。

普朗克有點灰心，因為我把激光筆的光束照射到牆上時，牠怎樣也抓不着光點。

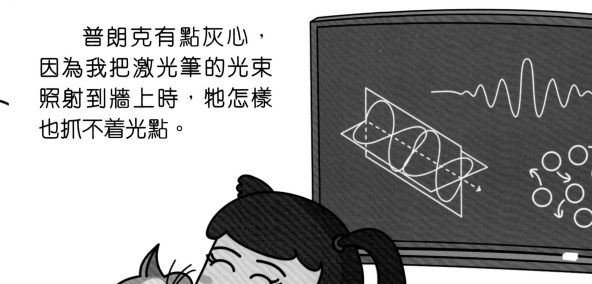

喂！別失望啊，普朗克。我來告訴你，為什麼你總是抓不着光吧！不過，如果想知道原因，我們就要去一個不可思議的地方探險了，那就是**量子物理**的世界！

🐱 科學知多點

量子物理學是什麼？
這是由普朗克、愛因斯坦等物理學家在1900年開始帶出的理論。因應當時科學界出現了很多新觀測，這些理論可用來描述微觀事物（如分子、原子、粒子等極細小的事物）的現象，解決傳統物理學解釋不足的地方。

我們縮小後，可以發現許多之前肉眼**看不見**的小東西啊。

我們來到**量子物理**的世界了！
這裏比細胞的世界還要細小。

我們周圍的
小東西就是**分子**。

幾乎所有我們認識的東
西，都是由分子構成的。

固體	液體	氣體
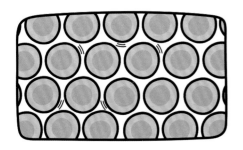	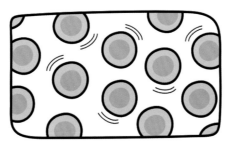	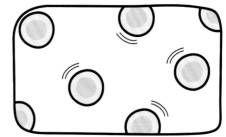
一些固體物件，例如**石頭**，它的分子懶懶的，幾乎不會移動。	液體的分子比較鬆散，就例如**水**。	我們日常呼吸的**空氣**是一種氣體，它的分子更可以自由移動啊。

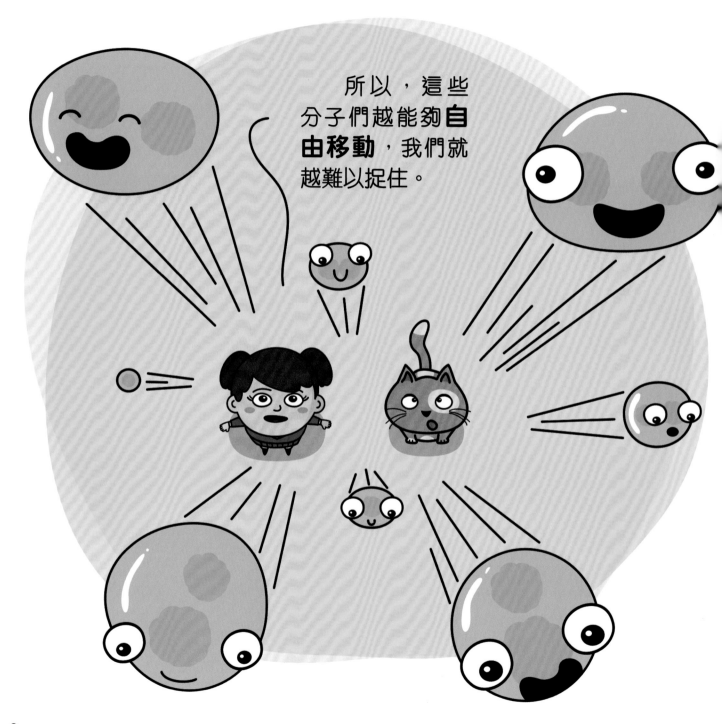

所以，這些分子們越能夠**自由移動**，我們就越難以捉住。

分子由什麼組成呢？讓我們靠近一個水分子看清楚吧！仔細看，水分子是由許多部分組成的，比我們驟眼看到時，要複雜得多。

H_2O即是什麼？
水是由水分子組成的，而H_2O是水分子的化學式，表示1個水分子含有2個氫原子（H）及1個氧原子（O）。

分子是由**原子**組成的！

這是一個碳原子的所有組成部分。

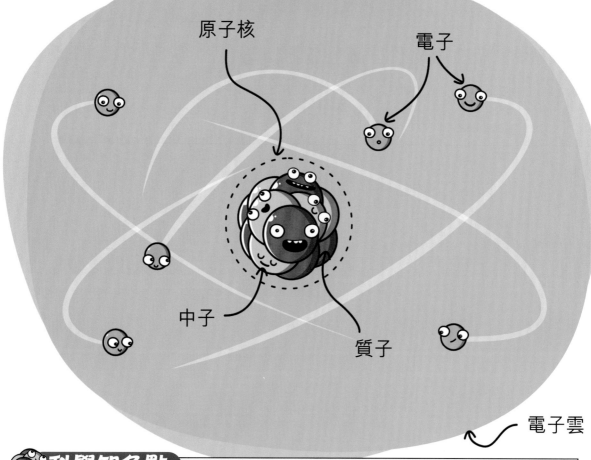

原子核

電子

中子

質子

電子雲

有些肥大的原子由許多**粒子**組成，
就是這些可愛的小球。

另外也有一些較細小的
原子，由較少的粒子組成。

有時候，原子緊緊擠在一起，兩個輕的
原子組合成一個原子，並稍稍變重了。

融合

但也有相反的情況，一個肥大的
原子分裂成兩個小原子。

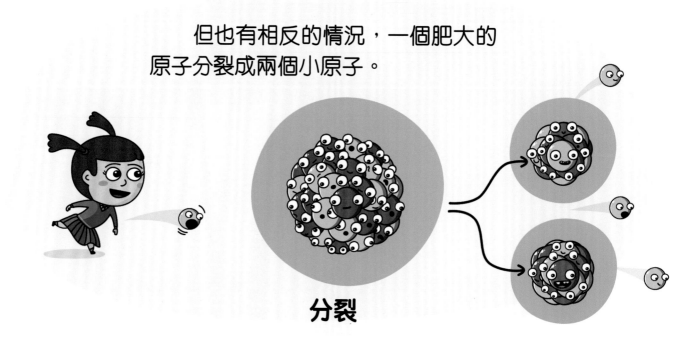

分裂

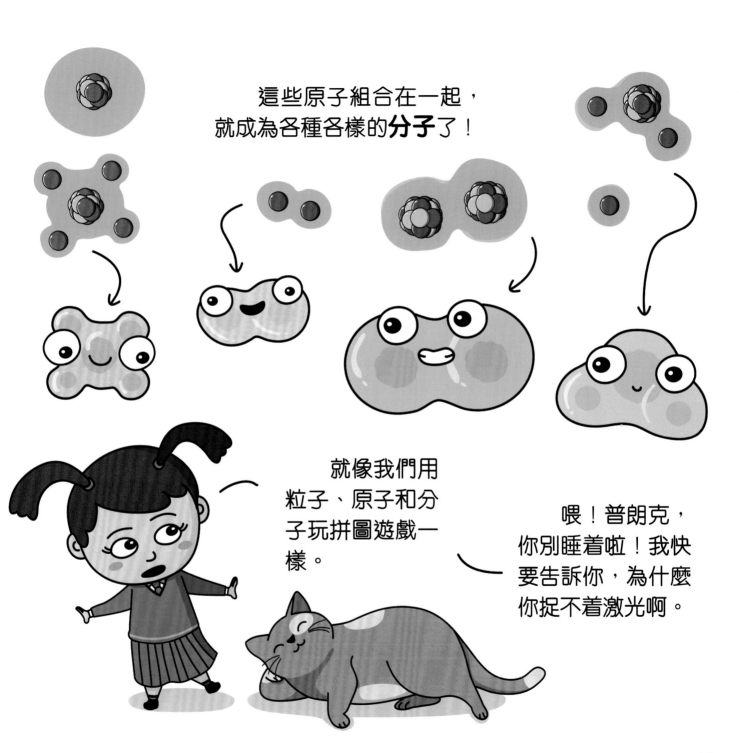

這些原子組合在一起，就成為各種各樣的**分子**了！

就像我們用粒子、原子和分子玩拼圖遊戲一樣。

喂！普朗克，你別睡着啦！我快要告訴你，為什麼你捉不着激光啊。

什麼東西在閃閃亮呢？

普朗克，那是一個光源。
是許多的**光子**！

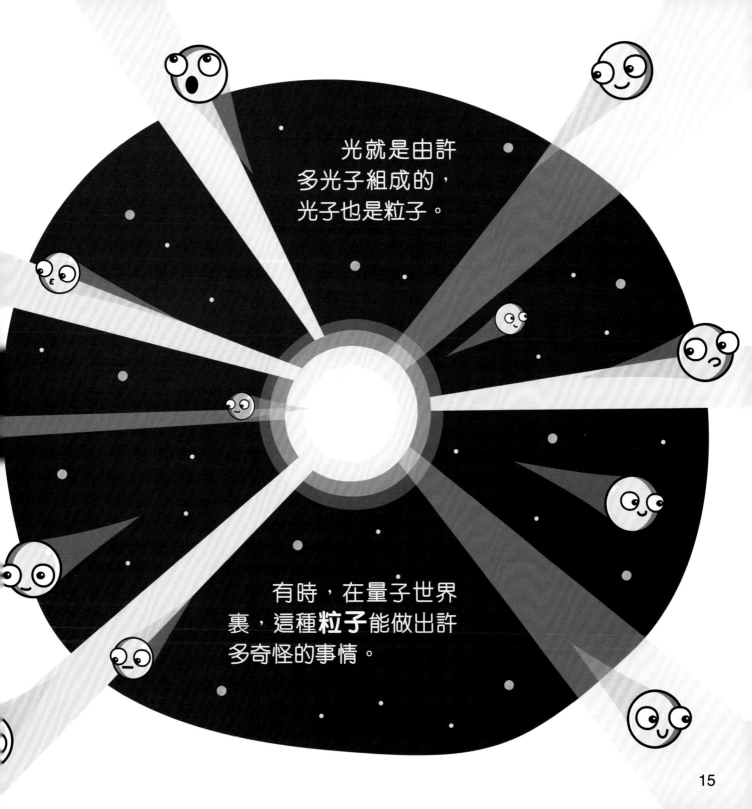

光就是由許多光子組成的，光子也是粒子。

有時，在量子世界裏，這種**粒子**能做出許多奇怪的事情。

例如，當你沒看着它們時，它們也會同時存在於不同地方。也許，光子正在偷偷向你裝鬼臉呢！

可是，當你一轉臉看它們，它們就會停着不動。
真狡猾啊！我們實在難以測量或觀察光子

粒子不一定是球形的。有時候，它們是**波浪形**的。

在大海上，水面就以波浪形式來移動。這時候的粒子的運動模式和海浪差不多。

當然啦，不是所有粒子都會組成原子的。

例如這些**光子**，
就只會到處跑。

它們無處不在。它們會沿直線**運動**。

也會在其他粒子之間穿插，實在停不下來啊！

最關鍵的地方是，這些粒子正是**能量**。能量可以驅動宇宙萬物。

所以，其實我們周圍都是能量。
只不過有時候我們感覺不到吧。

有了這些**光子**，能量就能從一個地方轉移到
另一個地方。

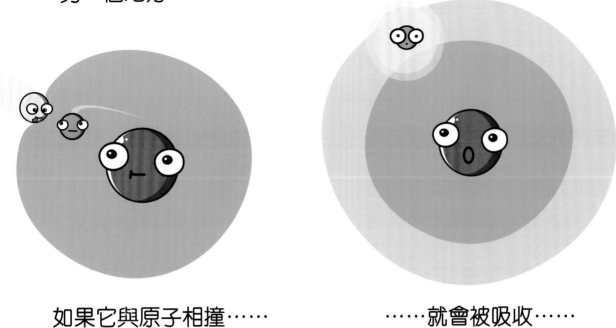

如果它與原子相撞……　　　　　……就會被吸收……

……然後被原子釋放出來，向另一個方向進發。
這情況就跟激光筆的光束有點相似。

不管它們從哪裏來：

無論來自太陽、

來自燈泡、

來自火焰，

還是來自我的激光筆……

當一束光線與**物質**相遇，它就會以許多方式偏離原來的路線，或者發生改變，但它永不會停下來。

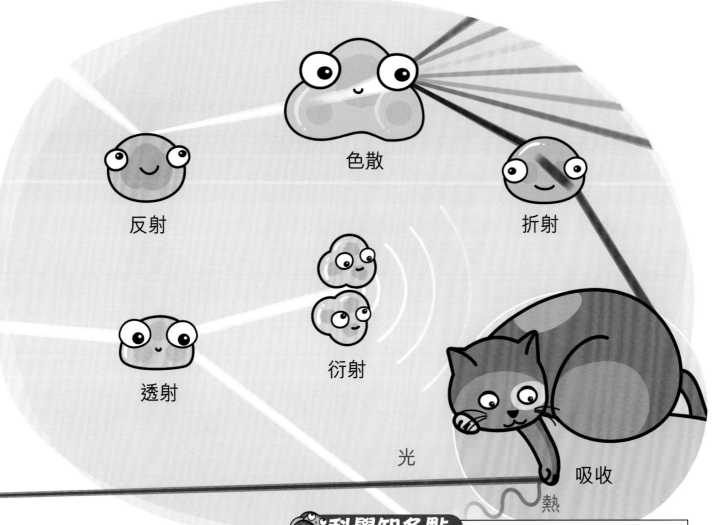

反射

色散

折射

透射

衍射

光

吸收

熱

所以啊，普朗克，你只能抓住固體的東西，但激光筆的光束卻被你高速彈開，射向了另一邊。

只是你看不到而已！

科學知多點

光可以轉彎嗎？

光雖然以直線進行，但會被反射或折射而改變方向。當光射入透明物體，部分被反射、部分被吸收、部分被折射，這叫透射；當白光被折射後形成彩虹（連續顏色光譜），稱為色散現象；當光穿過狹縫，好像波浪般扇形地散開，這叫衍射。

STEAM小天才
微小世界！探索物質構造　量子物理入門班

作　　者：卡洛斯·帕索斯（Carlos Pazos）
翻　　譯：袁仲實
責任編輯：黃楚雨
美術設計：蔡學彰

出　　版：新雅文化事業有限公司
　　　　　香港英皇道499號北角工業大廈18樓
　　　　　電話：(852) 2138 7998
　　　　　傳真：(852) 2597 4003
　　　　　網址：http://www.sunya.com.hk
　　　　　電郵：marketing@sunya.com.hk
發　　行：香港聯合書刊物流有限公司
　　　　　香港荃灣德士古道220-248號荃灣工業中心16樓
　　　　　電話：(852) 2150 2100
　　　　　傳真：(852) 2407 3062
　　　　　電郵：info@suplogistics.com.hk
印　　刷：中華商務彩色印刷有限公司
　　　　　香港新界大埔汀麗路 36 號
版　　次：二〇二一年四月初版

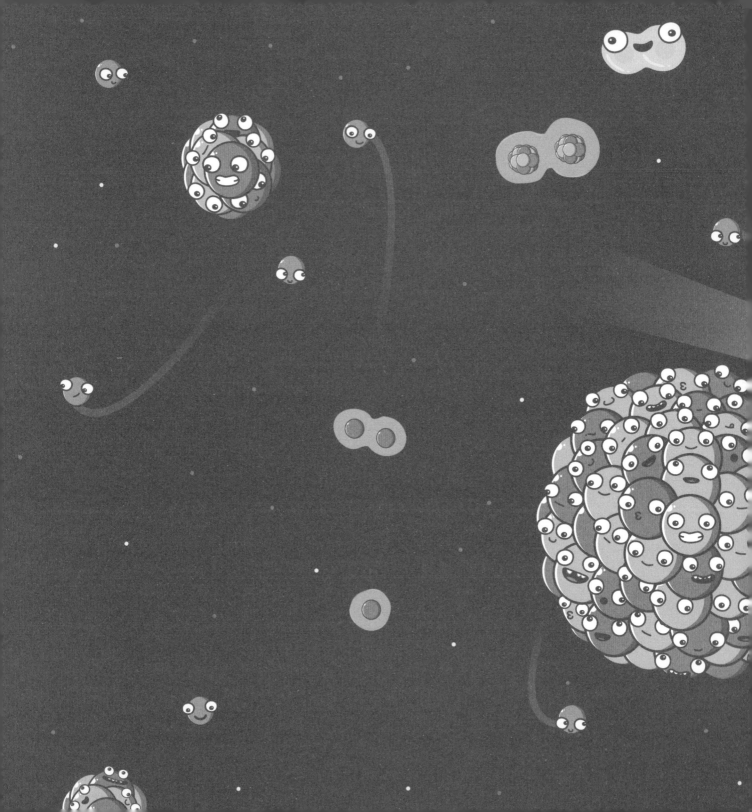